儿童财商故事系列

我们为什么要存钱

曹葵 著

四川科学技术出版社
·成都·

图书在版编目（CIP）数据

儿童财商故事系列. 我们为什么要存钱 / 曹葵著.
-- 成都：四川科学技术出版社，2022.3（2023.5重印）
ISBN 978-7-5727-0279-2

Ⅰ. ①儿… Ⅱ. ①曹… Ⅲ. ①财务管理－儿童读物
Ⅳ. ①TS976.15-49

中国版本图书馆CIP数据核字（2021）第185476号

儿童财商故事系列·我们为什么要存钱

ERTONG CAISHANG GUSHI XILIE · WOMEN WEISHENME YAO CUNQIAN

著　者　曹　葵

出 品 人　程佳月
策划编辑　汲鑫欣
责任编辑　周美池
特约编辑　杨晓静
助理编辑　潘　甜
监　　制　马剑涛
封面设计　侯茗轩
版式设计　林　兰　侯茗轩
责任出版　欧晓春
内文插图　浩馨图社
出版发行　四川科学技术出版社
　　　　　成都市锦江区三色路238号 邮政编码：610023
　　　　　官方微博：http://weibo.com/sckjcbs
　　　　　官方微信公众号：sckjcbs
　　　　　传真：028-86361756
成品尺寸　160 mm × 230 mm
印　　张　4
字　　数　80千
印　　刷　天宇万达印刷有限公司
版　　次　2022年3月第1版
印　　次　2023年5月第2次印刷
定　　价　18.50元
ISBN 978-7-5727-0279-2
邮购：成都市锦江区三色路238号新华之星A座25层　邮政编码：610023
电话：028-86361758

目录

主要人物介绍

小亦

咚咚的妹妹，喜欢思考，
行动力强，善于沟通

咚咚

古灵精怪，好奇心强，
想法多，勇于尝试

咚爸

性格温和，
有耐心，
非常理解孩子

咚妈

脾气有些急，
但有爱心，
理解并尊重孩子

第 1 章

存钱能帮我们很多忙

钱可以让我们有温暖的房子住，有漂亮的衣服穿……很多小朋友一拿到钱就想把它花掉，而大人们拿到钱后会先考虑存多少钱，因为存钱真的能帮我们很多忙哦。

咚咚家最近出大事了！

住在乡下的爷爷病得很重，来城里的大医院治疗，还要住院呢！奶奶的身体也不硬朗，咚咚的爸爸妈妈不放心老人家一个人住在乡下，就把她接到城里同住。

爷爷住院了，需要人每天在旁边照顾，怎么办呢？

这天晚上，咚爸和咚妈在卧室里商量这件事。

"我打听过了，如果雇护工，一天需要 100 元，一个月就需要 3000 元。而且，一个护工要陪护好几个病人，我担心……"咚妈欲言又止。

"你是怎么想的呢？"咚爸问道。

"我觉得，还是我请假照顾爸爸吧。"咚妈提议说。

"这样，你就更辛苦了。"咚爸有点儿难过，还有点儿愧疚。

"爸爸过一阵就会康复的，不会辛苦太久。"咚妈安慰他说。

身为家庭的一个小成员，咚咚也不像以前那样无忧无虑了，他做梦都想帮爷爷击退病魔。

这段时间，咚咚和爸爸去菜市场时，发现爸爸总是挑便宜的蔬菜和水果买，还学会了砍价。

"生菜多少钱一斤？*"

"3元一斤。"

"昨天不是还2.5元吗？怎么涨价了？"

"没办法呀，成本价提高了嘛！"

"便宜点儿，我是你们家的老顾客了。"

……

咚咚也学着节约了。本子正面用完了，他就用背面做验算纸；和小伙伴出去玩儿，也不再随便花钱了。他还想把自己的零花钱都存起来，帮父母减轻负担。

----

* 1 斤 = 0.5 千克。

"你最近怎么啦？"皮蛋儿觉得咚咚最近的行为很古怪。

"我想存钱，存很多钱，给我爸爸妈妈花。"咚咚说得很认真，小伙伴听了却笑得前仰后合。

"你的钱本来就是爸爸妈妈给的，你却说要存钱给他们花，真是笑死我了！"皮蛋儿哈哈大笑。

"你什么都不懂！"咚咚生气了，他讨厌被别人嘲笑。

不管别人怎么嘲笑，他就是要存钱给爸爸妈妈花。

有人说："存钱都是穷人干的事情，有钱人才不用存钱呢。"

错，大错特错！富翁们都是一边儿赚钱一边儿存钱的。"股神"巴菲特是一个不折不扣的大富翁，他不管怎么花钱、怎么投资，都一直在存钱，他管理的伯克希尔·哈撒韦公司账户上经常有 1000 多亿美元的存款！

尽管全家人都很节约，但一个月下来，咚咚家的生活还是过得有些紧张。这天晚上，咚咚抱着他的存钱罐儿跑进爸爸的房间，说："爸爸，这是我存的钱，都给你们！"

咚爸接过存钱罐儿晃了晃，说："哟，真不少啊！有多少钱呢？"

"36.8元。"

咚爸笑了笑，说："你为什么开始存钱了？"

"存起来给你们花。"

咚爸懂他的意思了，笑着说："你这么有孝心，爷爷奶奶知道了一定很高兴。不过这是大人的事情，你不用操心了。"

"不行，我们是一家人，我也要出一点儿力。"咚咚把存钱罐儿塞到爸爸的怀里，唯恐爸爸不肯收下他的心意。

"也好，这件事儿让你学会存钱了。"咚爸很欣慰。

家里的一切奶奶都看在眼里。第二天，奶奶来到咚爸的房间，递给他一张存折，说："儿子，这里面有20万元，拿着用吧。"

"20万！您哪儿来这么多钱？"咚爸都惊呆了。

"这是我和你爸爸平时攒的，本来是用来养老的，现在派上用场了。"奶奶笑眯眯地说。

咚咚听到爸爸和奶奶的对话，高兴地扑到奶奶怀里，喊道："奶奶您太厉害了，居然存了这么多钱！"

"这些钱我存了好几十年呢！"奶奶颇为骄傲地说。

有人说："钱是赚出来的，不是存出来的。"

钱的确是赚出来的，但是如果不存钱，赚得再多也可能变成穷人。我们无论手里有多少钱，都一定要有存钱的意识。

"爸爸，这下我们不用担心没钱花了吧？"咚咚太高兴了。

"这钱是爷爷奶奶用来养老的，我们不能用。"咚爸把存折还给奶奶，说："钱的事儿你们不用操心，我会想办法。"

又过了一个月，咚咚问："爸爸，咱们的钱还够用吗？"

咚爸笑着说："当然够啦，咱们家还有存款呢！我和你妈妈有几份定期存款，到了期限就能取出来。其中一份这个月刚好到期，我们就能取出来用了。"

"太好啦！我以为咱们家没钱了！"咚咚松了一口气。

原来咚爸咚妈一共存了 15 万元，够一家五口用好久。

我们为什么要存钱？是为了应对不时之需。存款就像蓄水池中的水，只要池中有充足的水，哪怕突然遇到干旱天气，这些水也能帮我们渡过难关。简而言之，存款能让我们的生活更有保障，让我们更自信，让我们更安心。

半年过去了，爷爷的身体完全康复了，全家人的生活状态又回到了从前。

"宝贝儿，我觉得你最近做了一件特别棒的事儿！"咚妈高兴地对咚咚说。

"我最近学习进步了。"咚咚有点儿不好意思地说。

"学习进步了是很棒，但我说的不是这件事儿，而是你学会存钱了，还把存的钱拿给我们，让我们花，真的很棒！"咚妈为咚咚感到骄傲。

"我终于知道你们为什么要存钱了。就像这次，如果不是你们存了那么多钱，恐怕咱们就要借钱生活了。"咚咚终于知道存钱的重要性了。

第 2 章

一分一角也能存出大财富

很多小朋友的存钱罐儿里都很难见到一分钱、一角钱的身影。存钱是一个积少成多的过程，不存小钱，我们就很难攒出大财富。因此，小朋友们不要小瞧一分一角的力量哟！

放学后，咚咚嘴馋了，和皮蛋儿去附近的一家小超市，买了点儿散装果冻，收银员对咚咚说："一共是 9.9 元。"

咚咚仔细地看了看购物小票，上面明明写着 9.89 元，于是不服气地说："不是 9.89 元吗？怎么多收我一分钱呢？"

自从认识到存钱的重要性后，咚咚对一分一角都十分在意。

"小朋友，我们是按照四舍五入*的方法来收费的。比如，商品价格如果低于 9.85 元，我们就只收你 9.8 元；如果等于或者大于 9.85 元，我们就要收你 9.9 元。"收银员耐心地解释道。

"可是，我还是亏了一分钱。"咚咚嘟囔着。

怎么办呢？

---

* 四舍五入指的是运算时取近似值的一种方法。如被舍去部分的头一位数满五，就在所取数的末位加一，不满五的就舍去。

皮蛋儿嘲笑道："你真小气，一分钱还这么较真儿！"

咚咚生气地说："你懂什么，一分钱也是钱啊！"

皮蛋儿说："这次你多花一分钱，下次买东西时可能会少花一分钱，超市定的这个规则对大家是平等的。"

"你说，如果我的钱包里只有 9.8 元，怎么办？"咚咚问道。

"呃……"皮蛋儿想了想，心虚地说，"我可以借给你一角钱。"

回家的路上，咚咚边走边踢地上的小石子，踢着踢着，突然看到一枚一角钱的硬币。他赶紧把硬币捡起来，兴奋地对皮蛋儿说："看，一角钱！"

皮蛋儿十分不屑地说："一角钱有什么用啊！"

"一角钱是没什么用，如果有十个、一百个、一千个一角钱呢，不就可以买东西了吗？"咚咚说着，就把一角钱放进口袋。

带着捡钱的喜悦，咚咚连蹦带跳地回到家。他没想到还有更多惊喜在等着他呢！

咚爸咚妈正在大扫除呢。

咚爸刚把沙发挪开一点儿，准备扫沙发底下，咚咚就看见一枚一角的硬币。他连书包都没来得及放下，就飞快地跑过去把硬币捡了起来。

等咚爸把沙发完全挪开时，咚咚的眼睛都亮了："哇，还有五角钱呢！"他从地上捡起硬币，高兴得合不拢嘴。

"小家伙们，你们还是住进我的存钱罐儿吧！"咚咚把今天收获的几枚硬币都放进自己的存钱罐儿。

晚上吃饭时，咚咚问爸爸："为什么人们不重视这些小硬币呢？"

"因为它们的体积很小，容易丢失。而且它们面值太小，买不了什么东西。"咚爸说。

五角硬币，发财咯！

当很多人把一分一角弃如敝屣时，富豪们却很重视每一分钱。

美国石油大王洛克菲勒身价达数十亿美元，花钱时却一点儿也不大手大脚。有一次，秘书向他借了一美元，还开玩笑说："一美元而已，我就不还给您了。"他却一脸严肃地说："怎么能这么说呢？一美元也是钱啊！"

我们无论向别人借多少钱，都要按时归还，这是讲诚信，是做人的基本原则。

"我们班很多同学都不喜欢硬币，今天我把地上的一角钱捡起来时，皮蛋儿还嘲笑我呢！"

"哎，我突然想起一个人！"咚妈说。

"谁？"父子俩问道。

"一次，一位叫毛利元新的日本青年交停车费时不慎将硬币掉入下水道，于是他想，应该将人们掉入下水道的硬币打捞出来。为此，他专门成立了一家公司。经过一年多的时间，他的公司从东京的下水道中打捞出价值两亿日元的硬币。"咚妈说。

咚咚一听"两亿"，掰着手指数了起来，居然是 9 位数，这是好多钱啊！

"儿子，你也可以试试他的方法。"咚爸提议说。

"好！那我立刻行动！"咚咚说，"这样既可以让硬币受到足够的重视，又可以用这些零钱做一些有意义的事。"

第二天，咚咚就在班上宣布了他的这个想法："有人从下水道捡硬币，一共捡到了两亿日元。我们也可以把其他人不小心掉在角落或路上的硬币捡起来收集在一起，用收集来的硬币为班里买些有用的物品。"

我们一起捡被遗落的硬币吧！

同学们都不相信：下水道里怎么可能有这么多钱，都没做出响应。

咚咚失落极了，有点儿垂头丧气。课间，小暖男三条过来了，说："我理解你的想法，我和你一起捡硬币。"咚咚一听来了精神："好！我们放学时注意看路上有没有硬币。"

咚咚和三条连续几个星期都在路边各处捡被遗落的硬币，没想到捡到的硬币加起来居然有6元多！

很快，全班同学都行动起来，开始留意各处被遗落的硬币。

这天，同学们将各自捡来的硬币集中在一起，居然有50多元！

咚咚在爸爸的帮助下，去银行把硬币换成纸币，然后为班里买了几盆花，班里的环境更漂亮了！

小存钱罐儿背后的大故事

很多小朋友都有自己的存钱罐儿，得到零花钱之后，他们总会让心爱的存钱罐儿帮忙保管这些钱。大家知道吗？存钱罐儿可不是什么新鲜东西，在很久以前，我们的祖先就开始使用各种各样的存钱罐儿了。

只听"啪"的一声，然后就听到哆哆大声哭起来。

"怎么啦？"哆爸看到地上有很多碎片。

"我不小心把存钱罐儿打碎了！"哆哆哭着说。

"是很可惜，这个存钱罐儿陪伴你6年了！"哆爸说。

听爸爸这么说，哆哆更难过了。

"好了，咱们去买个新的存钱罐儿吧。"哆爸把地上的碎片扫进垃圾桶后，就带着哆哆出去买存钱罐儿了。

商场的货架上摆着各式各样的存钱罐儿：金猪存钱罐儿、小鸭子存钱罐儿、企鹅存钱罐儿、青蛙存钱罐儿……

"你喜欢哪一个？"哆爸问女儿。

哆哆一眼就发现目标："我要这个'无脸男'存钱罐儿！"

皮蛋儿听说哆哆新买了一个自己没见过的存钱罐儿，特别想去看看。这天放学后，他就约咚咚、三条一起去哆哆家玩儿。

他们刚一进门，就被桌子上的存钱罐儿吸引了。

几个小家伙开始讨论他们见到的各种奇特的存钱罐儿，如驴拉磨存钱罐儿、纸币存钱罐儿、踢足球存钱罐儿等。

看他们聊得这么开心，哆爸也加入其中。

"你们知道吗，很久以前我们的祖先就开始用存钱罐儿了，不过那个时候存钱罐儿的名字叫扑满。"哆爸说道。

"富贵人家的钱财比较多，扑满太小了，所以他们又发明了另一种大号存钱罐儿——存钱坛子。"哆爸又说道。

我是存钱罐儿的鼻祖！

在古代，我们的祖先把存钱罐儿叫作"扑满"。最初的扑满大多是用陶瓷做的，长得像个大茶壶，但是没有壶把和壶嘴，而且只能存不能取，想要用钱时，必须把罐子打碎。扑满就是"满而扑之"，意思是"装满了就把它打碎"。在古代，上至皇亲贵胄，下至寻常百姓都在用扑满。

"用坛子存钱?！"几个小朋友很吃惊。

"对，古人把存的钱装进坛子里，用盖子封好坛口，然后找个隐蔽的地方，把坛子埋到地下。"哆爸说。

"我觉得他们是怕钱被人偷了，所以就把它埋在地底下。"咚咚说。

"对，而且很多古人在地下藏钱时就像盖楼房一样，是一层一层垒的。"哆爸接着说。

这样就安全了。

"为什么？"大家非常好奇。

"这是为了防盗。他们挖一个大坑后，先埋一部分钱，然后盖一层厚厚的土；接着再埋一部分钱，再盖一层土。有时一个坑要埋三四层。这样，就算埋钱的地方被小偷发现了，可能也只是损失最上面的钱。"

"我们的祖先真是太聪明了！"大家赞叹说。

"对那些更有钱的家庭来说，存钱坛子也不够大。于是，他们专门挖一个地窖来存钱，这就是'钱窖'。"

哆哆连忙说："怪不得呢，我从电视上看到过，考古专家有时会从地底下挖出很多古代钱币，有时一下子就能挖出好几千斤重的钱币呢！"

"把钱埋起来是挺保险的，但如果遇到搬家、卖房子时怎么办？"皮蛋儿想到了这个问题。

"肯定是掘地三尺也要把这些钱挖出来带走呀！"哆哆说。

"不错，但是有的人嫌麻烦，就不把这些钱带走，而是直接向买房子的人多要一些钱。"哆爸说，"就像宋朝的张观，他在洛阳买了一套房子，卖家却额外索要'掘钱'，因为洛阳一些旧宅的地下经常会有前人埋藏的钱财。张观付钱之后，果真从地下挖出数百两黄金，他当时心里乐开了花！"

"哈哈，他真是赚到了！"皮蛋儿笑着说。

"为了防偷防盗，有的人还把存钱的罐子埋在粪堆里、猪圈里呢！"哆爸说道。

几个小家伙一听，满脸嫌弃地说："真恶心！"

"除了埋藏，古人还习惯把钱财存放在房梁上或者屋檐下。"哆爸继续说。

"是因为高一点儿的地方比较保险吗？"咚咚问。

"是的。可是有的小偷还是会冒着摔断腿的危险，爬到房梁上、屋檐下去偷钱。"哆爸说。

哆哆笑道："我知道，这些人就是'梁上君子'！"

哆爸对她竖起了大拇指。

"有些古人还把钱藏在墙壁里呢！"哆爸说。

"什么？墙壁里？"小朋友们十分疑惑。

"对呀，即便小偷进了家里，也想不到墙壁里居然还藏着钱呢。听说古代有些大贪官喜欢把钱藏在墙壁里，就算皇帝突然派人来查，也什么都找不到。"

墙壁夹层可真是藏钱的好地方。

有些古人在盖房子时会给墙壁做出一个夹层，然后将金银珠宝、名家字画等藏进夹层里。有个典故叫作"孔壁遗文"，讲的是孔子的后人为了保护经典书籍，就把这些书籍藏在了墙壁夹层里。

可恶的老鼠！

"其实，现在还有人把钱藏在墙壁里呢！"哆爸说。

"啊？真的吗？"小朋友们觉得不可思议。

"湖南有个老爷爷习惯把钱藏在墙缝里。好多年过去了，老爷爷把这些钱拿出来时，发现很多钱都被老鼠啃坏了。"

"真是太可惜了！"小朋友们异口同声地说。

"古人是挺聪明的，但是我觉得他们的存钱方法太麻烦了。"听了哆爸的讲述后，咚咚说。

"对，而且太不卫生了。"一想起有人把钱藏在厕所、猪圈，哆哆就浑身不舒服。

"他们的扑满也没有我们的存钱罐儿好看、好玩儿。"皮蛋儿说。

"我们还有银行帮忙，不用担心钱被偷。"三条说。

"你们说得都很对！现在的存钱工具和方法比古代的要方便、保险得多，所以你们更要好好存钱哦。"

把钱存进银行多省事！

暂时不用的钱就要存起来

　　很多人家都有现金，但很少有人会把大量现金放在家里，因为这样太不安全了！我们也应该向大人们学习，钱多了就存起来，比如存进银行账户，让父母帮我们理财，等等。

"听说了吗？昨天哆哆家被盗了！"一大早刚到学校，皮蛋儿就嚷嚷着说。

"什么？！"咚咚惊呆了。

"什么，什么！"其他同学也都凑了过来。

"周末，哆哆全家人都出去玩儿了，结果第二天晚上回家一看，家里被盗了！"皮蛋儿神秘兮兮地说，"家里被翻得乱七八糟，所有的抽屉、柜子都被打开了。"

同学们伸长耳朵、睁大眼睛听着，一个比一个紧张。

"然后呢？"

"然后……我就不知道了。"皮蛋儿也只听说了这么多。

不一会儿，哆哆哭丧着脸走进了教室。

"哆哆，你没事儿吧？"咚咚关心地问道。

"哇——"哆哆大声哭了起来，边哭边说："那个小偷太坏了，把家里的钱都偷走了，连我的存钱罐儿都没放过！"

"真可恶！"大家气愤地说道。

"你们报警了吗？"咚咚问道。

"已经报警了，还不知道什么时候能抓到那些坏蛋呢！"哆哆哭着说。

"如果你们家把现金都存进银行就好了。"皮蛋儿突然说。

"你说得对，我们家的银行卡、存折都没有丢！"哆哆抽泣着说。

为什么小偷不拿走银行卡和存折呢？因为银行卡和存折必须有密码才能用，但密码只有主人才知道，即便小偷把它们偷走了，也没办法取出钱来。

"你真是提醒我了，我得赶紧把自己的钱存进银行！"咚咚说。

咚咚觉得自己也该有一个银行账户了。

这个周末，咚咚在妈妈的陪同下来到银行。

"我要开一个存钱的账户。"咚咚对工作人员说。

"没问题，我们有专门为小朋友提供的儿童银行卡和存折，你想要哪个？"工作人员说。

咚咚愣住了："该选哪个呢？"

银行卡和存折开始在咚咚的大脑里打起架来。

宝贝，你要有自己的小金库了。

我想开个银行账户。

小朋友也可以开立银行账户，但是需要父母代办。开立银行账户时要带齐各种证件：如，父母的身份证，小朋友的出生证明，证明亲子关系的户口本，小朋友的身份证，等等。此外，为了保护我们账户里的钱，父母可以随时查看我们的银行账户，而且只要我们账户里的钱有大额支出，银行就会通知父母。

　　银行卡说："选我，选我！我又轻巧又漂亮，放在钱包里就能陪你出门了。除了存钱和取钱之外，我还可以用来消费、转账。你带着我出门，就方便多了。"

　　存折马上说："选我，选我！我虽然不能用来在超市买东西，但是我会老老实实地待在家里，好好保管你的钱。"

　　咚咚已然有了选择，说："我要存折。"

　　看来，是存折说服了他。

他们在工作人员的引导下又是填各种单据，又是签名，又是输入密码。

咚咚输入密码时，咚妈还特意小声提醒他："一定要牢牢地记住密码，否则以后就不能存钱和取钱了。"

"好的！"他小心地输入六位数字，唯恐出一丁点儿错。

咚咚有些不安，问："钱存在银行里，如果银行被盗怎么办？"

工作人员说："即便银行遭受损失，也会保证储户的利益，保证储户本金和利息的安全。"

咚咚又问："我存在银行的钱是锁在保险柜里吗？"

工作人员说："银行的钱最终要借给需要钱的企业，帮助这些企业生产出各种产品。"

密码 123456

咚咚还是不放心："如果银行借出去的钱别人不还，我的钱就没有了吗？"

工作人员说："即使个别企业不还银行的钱，银行也会保证你的本金和利息安全的。"

咚咚一听，终于放心了。

咚咚终于拿到了属于自己的存折，存折上不但有自己的存钱记录，还写着自己的名字和开户行等信息呢！

有了存折的咚咚特别高兴，总想在朋友们面前炫耀一下。过了几天，几个小伙伴来家里玩儿，他把自己的存折拿出来展示。

"看，这是我的存折。"咚咚骄傲地说。

"哇，原来存折是这样的，我们家一直用银行卡，我也办了银行卡。"三条被这个小折子吸引了。

"我觉得存折的好处是，能让人减少花钱的冲动。"三条说。

听了三条的话，咚咚非常高兴。

过年了，咚咚收到很多压岁钱。为了不被小偷惦记，他连忙去银行把这些钱存进自己的存折里。

"用存折就是麻烦，存钱、取钱必须得去银行办理！"咚咚抱怨道。

从银行出来时，他正好碰到了急得满脸通红的三条。

"你怎么啦？这么着急？"咚咚问道。

"我带着银行卡和爸爸妈妈去逛商场，结果把银行卡弄丢了！妈妈陪我来银行挂失，再补办一张。"三条着急地说。

看三条急得满头大汗的样子，咚咚心想："存折虽然在ATM机上存钱、取钱不太方便，也不能拿出去消费，但是不容易丢啊，帮我省了不少麻烦事呢！"

如果银行卡、存折丢失了怎么办呢？不要着急，尽快带着自己的身份证、户口本等相关证件去银行办理"账户挂失"业务，银行会帮助我们补办新的银行卡、存折。新补办的银行卡号码一般会有变化，但存折的账号是不会变的。

第 5 章

有了目标，
我们存钱更起劲儿

我们身边的小富翁可不少，但奇怪的是，每次爸爸妈妈发零花钱之前，他们的存钱罐儿里总是空空的。原来，他们没有给自己定存钱目标，存钱时总是半途而废。

皮蛋儿的零花钱总是不够花。

他的篮球坏了，必须换一个新的。可是一个新篮球要50元，他却只有20元。

"怎么办呢？"他左思右想，决定再找妈妈要点儿零花钱。皮蛋儿刚开口，就被皮妈拒绝了。

"你已经提前要走两个月的零花钱了，这次我不会再给你一分钱！"皮妈的态度非常强硬。

"哼！"皮蛋儿气呼呼地跑出了家，准备向爷爷奶奶告状。走到小区旁的公园时，和哆哆撞了个正着。

"哟，你这是怎么啦？怎么眼睛都哭肿了。"

"我向妈妈要30元的零花钱，可妈妈就是不答应！"

"怎么，难道你连30元都拿不出来吗？"哆哆有点儿纳闷儿。

"那个……我的零花钱都被我花光了。"皮蛋儿不好意思地说。

"什么？你妈妈每个月给你100元零花钱呢，你竟然全都花完了？"哆哆简直不敢相信自己的耳朵。

"其实，我不但把所有的钱都花了，还透支了200元呢。"皮蛋儿支支吾吾地说，"因为钱不够花，我就提前向妈妈要了两个月的零花钱来用，结果……"

透支就是……

透支

什么是透支呢？就是我们把自己原本有的钱都花完了，又向别人借钱花。如果越借越多，我们就会欠下很多债，后果很严重。

"只要你肯听我的，就有可能存下钱！"哆哆笑呵呵地说。

哆哆可是同学中有名的"存钱小高手"。从她上幼儿园开始，她的爸爸妈妈就定期给她一些零花钱，让她学着管理自己的小钱包。经过好几年的学习，她已经学会存钱了。

"你能有什么好办法？"皮蛋儿觉得存钱是很难的事情。

"现在你已经透支 200 元了，那就先忍两个月，等两个月后我再把存钱的独门方法传授给你吧。"

两个月不花钱，这对花钱如流水的皮蛋儿来说太痛苦了！

这天，他很想走进小超市买块儿巧克力，可是没有钱。

三条看出他的烦恼，但也只是叹了口气说："唉，为了帮你改掉不存钱的习惯，我不能借钱给你。"

好不容易熬过两个月，皮蛋儿终于拿到了零花钱。他本来想冲进超市，痛痛快快地购一次物。可是在去超市的路上，他想起了哆哆对他说过的话。

　　"算了，不去超市了。"他改变路线，来到了哆哆家。

　　"我现在有100元零花钱了，你能教我怎么存钱吗？"皮蛋儿问。

　　"现在我要再问你一次，你真的想存钱吗？"哆哆向他确认。

　　"是的，我这次是真想存钱了。"皮蛋儿坚定地说。

　　"可是，你为什么要存钱呢？"哆哆问道。

　　"我想买一辆新滑板车，我想去海南旅游，我想买一个新篮球，我想在生日那天请家人去吃大餐……"

　　"你想要的太多了！你只能先挑出最想做的三件事，然后写在这张纸上。"哆哆说着递给皮蛋儿一张纸。

皮蛋儿想了想：篮球坏了，要换个新的；滑板车嘛，我一定要买；我生日时的大餐也必须请；去海南旅游嘛，可以等明年再说。

于是，他在纸上写道：买篮球，买滑板车，请家人吃生日大餐。

"好了，你要准备三个存钱罐儿，每个存钱罐儿都代表一个目标，然后每天往这三个存钱罐儿里面存钱。"哆哆说。

皮蛋儿说："买一个篮球需要 50 元，一辆滑板车需要 100 元，吃一顿大餐要 200 元左右，加起来比我三个月的零花钱还多呢！难道这三个多月我都不能花钱吗？"

"当然不是啦！你要把每个月的零花钱分成四份：一份用来零花，一份存起来买篮球，一份存起来买滑板车，另一份存起来吃大餐。"哆哆解释道。

"那每个存钱罐儿里该存多少钱呢？"皮蛋儿还是有点儿不明白。

"你要想清楚哪个目标最紧迫，哪个不太着急，哪个时间还早，哪个需要的钱少，哪个需要的钱多，然后决定每个月分别往存钱罐儿里存多少钱。"哆哆说。

"太麻烦了！"皮蛋儿说。

皮蛋儿虽然觉得存钱很麻烦，但还是开始行动了。

他把自己最喜欢的三个存钱罐儿挑出来，分别给它们贴上目标标签儿，说："我的存钱大计就靠你们了，拜托，一定要监督我好好存钱！"

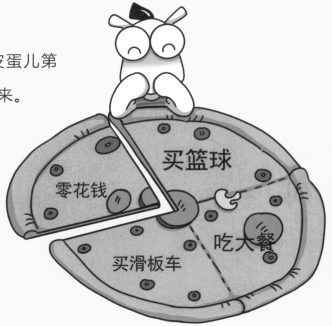

存钱可不容易。皮蛋儿第一个月就差点儿败下阵来。

他把钱平均分成了四份，所以日常零花就只有25元。他花钱一向大手大脚，这25元不到10天就花光了。

有一天，他想从贴着"篮球"标签儿的存钱罐儿里偷偷拿点儿钱出来花，谁知哆哆突然打来电话说："我忘了告诉你，在钱没有存够之前，千万不能动那三个存钱罐儿里的钱！"

"知道啦，知道啦，真啰唆！"虽然嘴上埋怨哆哆，但皮蛋儿心里非常高兴："还好她及时打电话过来，不然就糟了。"

怎么办？这个月还有 20 天呢！

"两个月都熬过去了，20 天又算得了什么！"皮蛋儿决定不再多花一分钱。

第一个月过去了，皮蛋儿成功地在每个存钱罐儿里存了 25 元。只有他自己知道，这一个月他过得有多么煎熬。

第二个月，他又把 100 元零花钱平均分成了四份，只花 25 元。这一次，他吸取教训，决定省着点儿花。

"皮蛋儿，你的钱存得怎么样了？"咚咚问他。

"买篮球的钱已经存够了！"皮蛋儿高兴地说。

"我陪你去买篮球吧！"咚咚提议。

"好啊！"一想到第一个目标马上就要实现了，皮蛋儿的心情格外好。

"真幸运，平时卖 50 元的篮球现在只要 44.9 元！"咚咚说。到了体育用品店后，他们发现篮球正在打折呢。

"对呀，我又能节省 5.1 元了！"皮蛋儿欣喜不已。

买好篮球后，皮蛋儿带着咚咚直奔超市，在零食区转来转去。

"我真的有点儿馋了。"皮蛋儿可怜兮兮地说。他看了看零食，又想了想滑板车，十分纠结。最后，他拉着咚咚走出超市，说："我更想早点儿买到滑板车。"

回家后，皮蛋儿把这 5.1 元放进买滑板车的存钱罐儿里。

第三个月的零花钱到手了，皮蛋儿现在只剩两个目标，所以只需把零花钱分成三份。但是这两个月来，他觉得每个月25元也够花了，所以还是把零花钱平均分成了四份，又把多余的25元存进吃生日大餐的存钱罐儿里。

第四个月，买滑板车的钱也存够了。

皮蛋儿和爸爸来到商场，挑中一个98元的滑板车。皮爸刚要付钱，皮蛋儿却说："爸爸，今天我付钱。"

"你付钱？"皮爸十分惊讶。

"对呀，我自己存够了买滑板车的钱。"皮蛋儿说。

"儿子，你太棒了！"皮蛋儿的改变让皮爸非常欣喜。

第五个月，皮蛋儿用来请家人吃生日大餐的钱也存够了。

现在，皮蛋儿有了新的烦恼：以后的零花钱该怎么存呢？

"你再定几个新目标，重新开始存钱。"哆哆告诉他。

我要定个新的目标……

"对呀，我最想做的事情就是去海南旅游，如果从现在开始存钱，每个月存 70 元，一年就能存 840 元，再加上过年的压岁钱，就可以买一张去海南的机票了。"皮蛋儿说。

"太棒了，你已经学会存钱了！"哆哆高兴地拍起手来，她对这个徒弟非常满意。

去海南旅游的钱还得存好久呢，不知道皮蛋儿能不能坚持下来。不过在他生日那天，他用自己的钱请全家人吃大餐的时候，皮妈感动得都快哭了。

第 6 章

节约也是在存钱

　　我们的生活条件越来越好，但父母依然让我们养成勤俭节约的习惯。因为节约可以减少物品和金钱的浪费，既是一种健康的生活方式，也是一种存钱的好方法。我们应该好好向大人学习如何节约，让自己的存钱罐儿满起来。

咚咚的鞋坏了，咚妈带他去商场买鞋，逛了一个多小时，咚妈才选中一双价格合适、质量很好的鞋。

"我喜欢刚才那双鞋。"咚咚不满地说道。

"这双鞋更加物美价廉。"咚妈温和地说。

"可是，那双也不贵，只要399元啊！"咚咚还是想买那双鞋。

"妈妈工作两天才挣400元，我们应该省着点儿花，就买这双199元的鞋吧。"咚妈继续说服咚咚放弃那双鞋。

咚咚拗不过咚妈，只好接受这双199元的鞋。

第二天，咚咚穿着新鞋去上学，但他心里一点儿也高兴不起来。他看到三条的鞋时，失落地说："真羡慕你，有这么好看的一双鞋。"

"你这是怎么啦？"三条不解地问。

咚咚把自己买鞋的经过告诉三条后，三条却笑着说："这有什么啊，你妈妈已经很大方了。你还不知道吧？我妈妈可是出了名的抠门儿！"

"怎么可能？"咚咚看着三条的新鞋，脸上写满了不相信。

"其实我这双鞋是姑姑送的。我妈妈才不会给我买这么贵的东西呢！"三条说。

"真的吗？"咚咚好奇地问。

"当然啦，我能给你举出三个例子！第一，每次我一开水龙头，妈妈就会说'水开小一点儿，别浪费'；第二，我一打开电视，她又说'累眼又费电，只能看半个小时'；第三，我把吃不完的苹果扔进垃圾桶，她一定会说我是个'浪费食物的

孩子'！" 一向喜欢把自己
的观点列出一条、二条、三
条的三条说。

"这么夸张啊？" 咚咚
都听愣了。

"绝对是事实！而且我
妈妈说'这叫生活节约'。" 三条说。

听三条这么一说，咚咚似乎理解妈妈的苦心了。

这天晚上，咚咚洗一双袜子足足用了一大盆水。当他得意
地拿着袜子去阳台晾晒时，咚妈正端着一盆脏水浇花。

"妈妈，您怎么又用脏水浇花啊？"

"这是洗菜水，可以浇花的。" 咚妈解释道。

咚妈不但用洗菜水浇花，还用它冲马桶呢！

"妈妈，水费很贵吗？"咚咚看妈妈总是这么节约用水，以为水费很贵。

"其实也不算贵，大概每立方米4元吧，我们一个月要用6立方米左右，也就是24元。"

"这也用不了很多钱嘛，那您为什么这么节省啊？"咚咚不解地问。

"节约和钱多钱少没关系。"咚妈说。

小朋友们知道吗？我们平时用的水、电都是按等级收费的。以某城市的水费为例，每个家庭每个月的用水量如果低于8立方米，单价是4元左右；用水量在8~14立方米这一区间时，这部分的单价约为9元；用水量超过14立方米时，超过14立方米的那部分水的单价约为16元。水用得越多，水的单价就越高。

这个周末，爷爷奶奶、姥姥姥爷都来了，咚咚一家人要出去聚餐，咚妈特意挑选了一家环境好、有特色的普通餐厅。

咚咚忍不住问妈妈："我们全家人好不容易才聚餐一次，为什么不去那种高级餐厅吃饭呢？"

"高级餐厅很贵的，我们不能这么浪费。"咚妈说。

"我们只是偶尔吃一顿而已，不算浪费吧。"咚咚说。

"去高级餐厅吃一顿花的钱，足够我们在普通餐厅吃五六顿了！"咚妈说。

咚咚想了想，觉得妈妈说得有道理。

大家围坐在餐桌边说说笑笑，非常开心。

吃完饭后，咚爸咚妈还是老规矩，把剩菜剩饭打包带回家。

节约是一种生活方式，与贫富没有关系。节约也并不是让自己过穷日子，而是适当地减少不必要的花销。而减少的花销，就是我们存下的财富。

剩菜剩饭必须打包带走。

我想买！

说起节约，哆哆可是行家里手。有一次，几个好朋友进了一家玩具店。

"哇，好酷的变形金刚！"咚咚赞叹道。

"我早就想买一把玩具狙击枪了！"三条说。

"我想要这辆赛车！"皮蛋儿嚷嚷道。

哆哆却只是随便看看，没有想买的意思。

"这个芭比娃娃才15元，你想买吗？"皮蛋儿问她。

"不买，我已经有很多芭比娃娃了。"哆哆说。

"才15元，你买了也不亏啊！"咚咚小声说。

"可是我不需要它，再便宜我也不买！"哆哆说。

咚咚觉得她说得很有道理，想起自己已经有好几个变形金刚了，就把手里的变形金刚放下，说："我也不买了。"

"好吧，我也不买了。"皮蛋儿和三条都把手里的玩具放下了。

在玩具店转了一大圈儿，他们谁也没有买东西。

玩具店

又到周末了，咚咚本想让爸爸妈妈带他出去玩儿，可是一大早起来，他就看见妈妈在翻箱倒柜地收拾东西呢。

"妈妈，您在干什么呢？"咚咚问。

"我要把没用的旧物品找出来，拿到旧货市场去卖。"咚妈一边儿收拾一边儿说。

"旧物品还能卖吗？"咚咚不解地问。

"当然啦，只要不是损坏的，就可能有人买。"咚妈耐心地解释道。

"太好了，我的旧玩具可以拿去卖了！"咚咚跑回房间收拾自己的旧玩具。"对了，这种好事怎么能一个人独享呢？"咚咚还给哆哆、皮蛋儿、三条打了电话，约他们一起去旧货市场"做生意"。

来看看我的玩具！

节约的方式有很多种，省吃俭用是一种，旧物利用也是一种。我们不需要的旧衣服、旧玩具、旧书等，都可以拿到旧货市场去售卖，也可以让爸爸妈妈在二手网店上卖。这样既能避免浪费，还能帮我们赚点儿零花钱！

"快来看呀，我的玩具都是八成新的！"咚咚吆喝着。

"我的裙子也是八成新的！"哆哆也吆喝道。

"我还有没拆封的赛车呢！"三条也不甘示弱。

几个小家伙比赛一般吆喝着叫卖，挺像那么回事儿。

到了傍晚时分，他们真的卖出去不少旧物品。大家开始低头数钱：咚咚挣了 55 元，哆哆挣了 80 元，皮蛋儿挣了 50 元，三条只挣了 30 元。

"唉，可能是你的玩具卖得太贵了！"皮蛋儿说。

"可是买的时候很贵的，怎么能以那么便宜的价格卖掉呢，太可惜了！"三条不服气地说。

无论如何，今天他们存钱罐儿里的钱又多了一些。

第7章

要存也要花，拒做"小守财奴"

　　会存钱是件好事，但有的小朋友只存不花，慢慢把自己变成一个小小"守财奴"，这也是不可取的。小朋友们要树立正确的金钱观，巧妙存钱、合理花钱，让自己成为金钱的主人哦。

经历了爷爷生病住院，学会了存钱，有了节约意识后，咚咚的变化越来越大，成了"存钱小能手"。

咚咚家在几个好朋友中不是最富裕的，但咚咚却是他们几个人中最有钱的，已经存了好几千元了。

"咚咚现在可真会存钱啊！"哆哆说。

"他每个月只有50元零花钱，怎么可能存下这么多！"皮蛋儿反驳说。

"别忘了，除了每个月的零花钱，还有春节的压岁钱呢。这些钱如果他一分不花呢？"哆哆问。

"对呀，我想起来了，最近我们一起出去玩儿时，咚咚总是从家里带吃的、喝的，从来不在外面买东西。"三条回忆道。

周末到了，几个小伙伴约好去公园野餐。大家准备了食物，还带着一些零花钱备用。

大家玩儿得很尽兴，吃得很开心，唯一不满意的是：天气太热了！

哆哆对咚咚说："小富翁，请我们吃雪糕吧！"

"嘿嘿，真不好意思，我没带钱。"咚咚羞涩地说。

"你出门怎么不带钱呢？"三条问。

"我们只是出来野餐，不需要花钱的。"咚咚说。

"就算没急事，万一碰到想买的东西呢？"皮蛋儿问。

"没钱就不买呗，正好可以省钱。"咚咚解释道。

其他三个小伙伴互相交换了一下眼神儿，原来咚咚出门真的不带钱。

转眼暑假到了，小伙伴们轮流去各家聚餐玩耍。轮到去咚咚家时，大家都大方地拿出零花钱给他买了礼物，咚妈也为大家准备了美食。

大家正吃得高兴，三条突然问："咚咚，你到底存了多少钱啊？"

"7476.8 元。"咚咚自豪地说。

"你怎么记得这么清楚？"皮蛋儿都愣了，他可记不住自己到底存了多少钱。

"当然记得清楚了，他隔三岔五就会把自己的钱拿出来数一遍，或拿出存折看一看！"咚妈笑着说。她太了解自己的儿子了，于是趁机说："咚咚，你要不要请大家吃冰激凌啊？"

"可是，一盒冰激凌就要五六元，四个人要花 20 多元，太贵了！"咚咚摇头。

"可是你有不少零花钱啊！"咚妈说。

"如果我花了 20 多元，钱不就变少了吗？"咚咚无论如何都不赞同妈妈的提议。

"唉！"咚妈摇了摇头，不再说话了。

"咚咚，你知道葛朗台吗？"哆哆问他。

"葛朗台是谁？"咚咚问道。

"他是一个'守财奴'。"哆哆赶紧介绍葛朗台。

"'守财奴'？"咚咚有点儿疑惑。

"他呀，特别喜欢钱，在他眼里，金钱高于一切。"哆哆说。

"这也太奇怪了！"三条和皮蛋儿异口同声地说。

"他有很多钱，却舍不得买好一点儿的房子住，非让妻子、女儿和他挤在破旧的老房子里。"哆哆说。

"这也太抠门儿了吧！"皮蛋儿表示非常不理解。

"为了省钱，家人每天吃东西都定量，他还会亲自给家人分食物，就怕有人多吃一点儿。"哆哆继续说。

"确实是太抠门儿了！"三条忍不住附和道。

"他去世前还让女儿把所有的金币都放在桌子上。"哆哆说。

"为什么？"皮蛋儿忍不住问道。

"因为看着这些金币能让他觉得温暖和安心。"哆哆说。

"唉，还真是爱钱如命啊！"三条感叹道。

听了大家的话，咚咚的脸变得通红，有点儿难为情地说："我现在的确变得不喜欢花钱，只要一花钱我就觉得像丢了东西一样。"

只要一花钱，我就觉得像丢了东西一样。

可能和上次爷爷生病有关系吧。

"为什么呢？"三条问。

"就是自从上次爷爷生病住院开始，我有了省钱的意识。后来，我有了自己的存折，还懂得了节约，就爱上了存钱。"咚咚说。

咚妈也回忆说："唉，那时我们真是不敢随便乱花钱啊。"

现在，家里的生活并不需要像以前那样省吃俭用，但咚咚变得只喜欢存钱，也变得小气起来了。

"怎么办，我是不是变成'守财奴'了？"咚咚有些疑惑地问。

"宝贝儿，你只是不太会管理零花钱而已。"咚妈说。

"零花钱应该怎么管理呢？"咚咚问。

"我有个办法。从现在开始，你把自己的零花钱分成两半儿，一半儿用来零花，一半儿存起来。用来零花的钱，你就可以有计划地花。"哆哆说。

"可是该怎么花呢？"咚咚没想明白。

"你可以每个星期做一个购物计划，把自己必须买的东西记下来，然后只用自己的零花钱买。记住，千万不能伸手向爸爸妈妈要钱，否则这个方法就不灵了！"皮蛋儿补充说。

咚咚点点头，说："把你们两个人的方法结合起来，应该不错。"

在咚妈和小伙伴们的监督下，咚咚照着这两个方法尝试了一段时间，他果然变得大方多了。他不但花自己的钱买文具、买零食，还会给朋友买礼物，再也不是伙伴们心目中的"守财奴"了。